高危行业一线岗位安全生产指导手册

金属非金属地下矿山
排　水　岗

本书编写组　编

应 急 管 理 出 版 社

· 北　京 ·

图书在版编目（CIP）数据

高危行业一线岗位安全生产指导手册．金属非金属地下矿山排水岗/《高危行业一线岗位安全生产指导手册》编写组编．--北京：应急管理出版社，2020
ISBN 978-7-5020-8163-8

Ⅰ.①高… Ⅱ.①高… Ⅲ.①金属矿—地下开采—矿区排水—矿山安全—技术手册 ②非金属矿—地下开采—矿区排水—矿山安全—岗位培训—技术手册 Ⅳ.①X931-62 ②TD7-62

中国版本图书馆 CIP 数据核字(2020)第 105116 号

高危行业一线岗位安全生产指导手册
——金属非金属地下矿山排水岗

编　　者　本书编写组
责任编辑　罗秀全　刘晓天
责任校对　赵　盼
封面设计　王　滨

出版发行　应急管理出版社（北京市朝阳区芍药居 35 号　100029）
电　　话　010-84657898（总编室）　010-84657880（读者服务部）
网　　址　www. cciph. com. cn
印　　刷　北京玥实印刷有限公司
经　　销　全国新华书店

开　　本　850mm×1168mm 1/32　**印张**　1 3/4　**字数**　27 千字
版　　次　2020 年 7 月第 1 版　2020 年 7 月第 1 次印刷
社内编号　20200746　　**定价**　12.00 元

应急管理部办公厅关于印发
非煤矿山一线岗位安全生产指导手册的通知

应急厅函〔2020〕159号

各省、自治区、直辖市应急管理厅（局），新疆生产建设兵团应急管理局，海油安监办各分部，有关中央企业：

为贯彻落实《应急管理部　人力资源和社会保障部　教育部　财政部　国家煤矿安全监察局关于高危行业领域安全技能提升行动计划的实施意见》（应急〔2019〕107号），加强对高危行业企业一线岗位从业人员的安全生产指导和服务，应急管理部安全基础司组织编制了非煤矿山生产一线重点岗位安全生产指导手册，现予印发，供非煤矿山安全监管人员、有关企业安全管理人员及相关岗位操作人员学习参考，也可作为有关企业三级安全培训教育的参考资料。

应急管理部办公厅

2020年7月1日

出 版 说 明

为推进非煤矿山一线岗位安全生产指导手册的应用，助力企业基层安全管理，方便一线岗位从业人员学习使用，我们组织承担编写任务的单位对9个典型一线岗位的指导手册进行出版。指导手册采用“口袋书”的形式，以方便岗位人员随身带、随时学、随地用。

《高危行业一线岗位安全生产指导手册：金属非金属地下矿山排水岗》由中国五矿集团有限公司、长沙矿山研究院有限责任公司编写，主要编写人员为廖文景、李冀、杜志信、唐绍辉、马井泉、戴军、尹建生、张胜光、卿自强、邓俊平。

目　次

1 安全生产应知应会

1.1 安全生产风险基础知识

我国矿产资源丰富，根据中华人民共和国自然资源部编制的《中国矿产资源报告（2019）》，截至2018年底，已发现矿产173种，其中能源矿产13种、金属矿产59种、非金属矿产95种、水气矿产6种。我国已成为全球少数几个矿种齐全、矿产资源总量丰富的国家之一。随着社会经济的高速发展，重要矿产消费持续增长，金属非金属矿山行业已成为国民经济发展的重要支柱。

目前，我国金属非金属固体矿产资源开采主要包括露天开采、地下开采、溶浸采矿和海洋采矿4种方式。海洋采矿技术与装备的研发目前已取得重大突破，但还未能进行工业化生产。溶浸采矿在地面堆浸、原地破碎溶浸和钻孔溶浸等方面已研发出成套技术并得到应用，但目前产量比例不高。因此，大多数金属非金属矿产资源的供应主要来自露天开采和地下开采。

地下开采需要从地表掘进通达矿体的各种通道，用以提升运输、通风、排水、行人等，主要由开拓、提升运输、通风、供电、供气、供水、排水、充填等系统组成，建设周期长、技术难度较大、回采率低、危险程度高。基于其特殊的作业环境，开采中除受到溶洞、断层、破碎带、地下水、有害气体等地下开采环境限制，其自身的集约化程度、装备水平、组织结构等均对安全生产有较大影响，进而形成了地下矿山作业区域点多面广、作业条件多变复杂、作业通道狭窄灰暗等特点。受地下开采环境的限制，井下作业过程中常见的风险主要为冒顶片帮、中毒窒息、透水、放炮、火药爆炸、火灾、物体打击、高处坠落、机械伤害、车辆伤害、触电、坍塌等。

排水系统是地下矿山的主要生产系统，是保证矿山安全和正常生产的先决条件。金属非金属地下矿山常见的排水方式主要有自流式和扬升式。受地形限制，自流式排水一般仅用于平硐开拓的矿山；而采用竖井或斜井开拓的矿山则需要借助水泵将矿井涌水扬送至地面或坑外，即扬升式排水。

扬升式排水系统一般分为集中排水系统和分段排水系统两种。集中排水系统是指矿井上部涌水通过自流至井底主排水泵房的水仓中，然后由主排水设备集中排至地面，如图1－1所示。分段排水系统是指深井开采时，若水泵的扬程不足以把水直接排至地面，可在矿井中部设置泵房和水仓，把水先排至中部水仓，再排至地面，如图1－2所示。

地下矿山排水系统主要包括水泵房、排水设备及水仓等。目前，地下矿山水泵房常采用吸入式，即水泵位于水

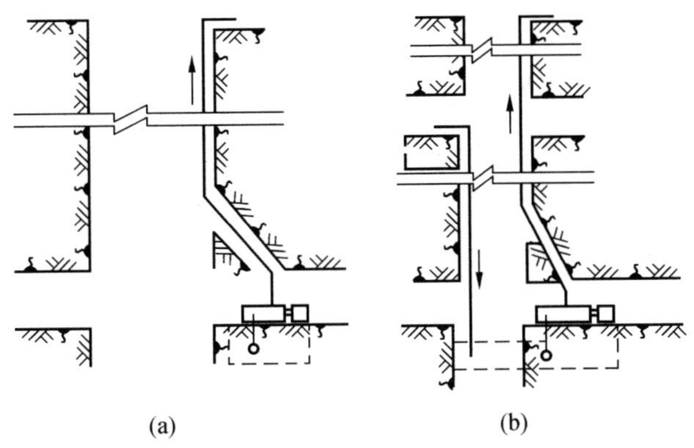

(a) (b)

图 1－1 集中排水系统

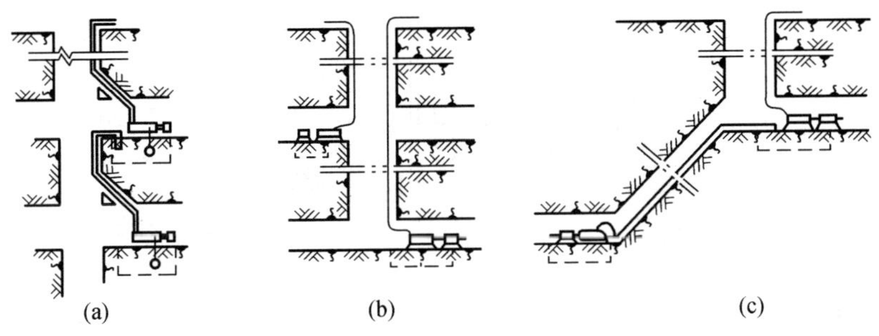

(a) (b) (c)

图 1－2 分段排水系统

仓上方，靠水泵产生的负压引水。水泵房内水泵一般沿轴向单排布置，泵房地面标高应高出其入口处巷道底板标高 0.5 m 以上，并与主变电所联合布置。主排水泵房至少设置 2 个出口，一个通往井底车场，另一个由斜巷与井筒连通，斜巷上口应高出泵房地面标高 7 m 以上。

地下矿山排水设备主要由水泵、电动机、启动设备、仪表、管路及管路附件等组成，水泵一般采用离心式水泵。地下矿山离心式排水设备组成如图 1－3 所示。

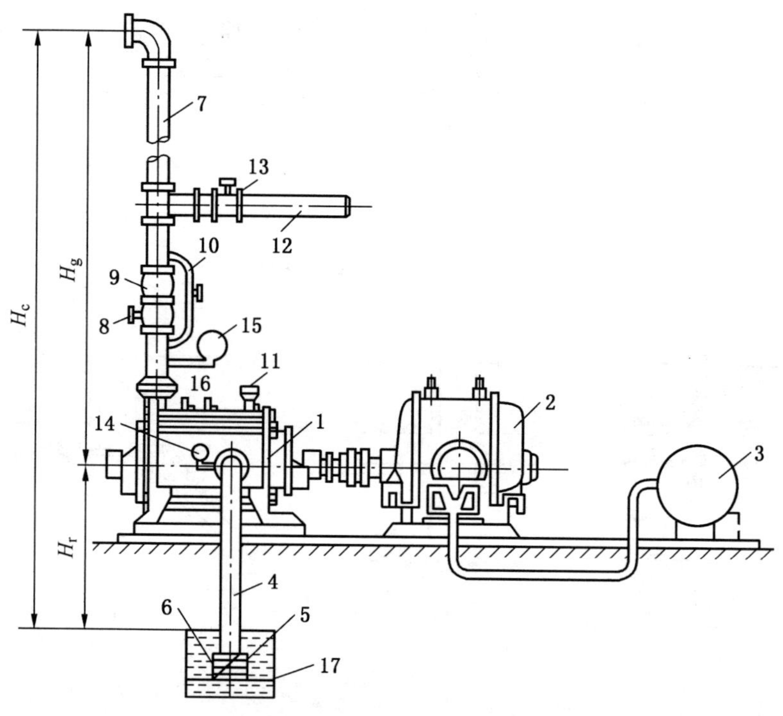

1—离心水泵；2—电动机；3—启动设备；4—吸水管；5—滤水器；6—底阀；7—排水管；8—调节闸阀；9—逆止阀；10—旁通管；11—引水漏斗；12—放水管；13—放水闸阀；14—真空表；15—压力表；16—放气栓；17—吸水井

图 1－3 地下矿山离心式排水设备示意图

水仓是将地下水积聚起来的硐室，一般布置在井底车场附近，其地坪标高比井底车场标高低 3 ~4 m，水仓与泵房应相对独立，并设置配水巷及配水阀门，有效控制从水仓进入配水巷的水量。水仓应由 2 个独立的巷道系统组成，涌水量较大的矿井，每个水仓的容积应能容纳 2 ~4 h 的井下正常涌水量。一般情况下水仓总容积应容纳 6 ~8 h 的井下正常涌水量。设置水仓一方面是将地下水集中，使得排水系统能够在较长时间内连续运转，同时为地下生产创造良好的工作条件；另一方面也是为保证井下安全生产，当矿井涌水突然增加或水泵停工检修时，由于水仓的贮水作用，不至于使矿山在短时间内发生淹井事故。

1.2　安全生产有关法律法规要求

1.2.1　岗位安全生产准入

1. 安全生产培训合格

《安全生产法》第二十五条规定，生产经营单位应当对从业人员进行安全生产教育和培训，保证从业人员具备必要的安全生产知识，熟悉有关的安全生产规章制度和安全操作规程，掌握本岗位的安全操作技能，了解事故应急处理措施，知悉自身在安全生产方面的权利和义务。未经安全生产教育和培训合格的从业人员，不得上岗作业。

【说明】

培训时间：根据《金属非金属矿山安全规程》，所有生产作业人员每年至少接受20 h的在职安全教育；新进地下矿山的作业人员，应接受不少于72 h的安全教育，经考试合格后，由老工人带领工作至少4个月，熟悉本工种操作技术并经考核合格，方可独立工作。

岗位调换培训：根据《金属非金属矿山安全规程》，调换工种的人员，应进行新岗位安全操作的培训。

“四新培训”：根据《安全生产法》第二十六条，生产经营单位采用新工艺、新技术、新材料或者使用新设备，必须了解、掌握其安全技术特性，采取有效的安全防护措施，并对从业人员进行专门的安全生产教育和培训。

2. 特种作业人员持证上岗

《安全生产法》第二十七条规定，生产经营单位的特种作业人员必须按照国家有关规定经专门的安全作业培训，取得相应资格，方可上岗作业。

【说明】

依据《特种作业人员安全技术培训考核管理规定》，金属非金属矿山排水作业人员列入特种作业目录，需持证上岗。

复审时间和离岗考试：依据《特种作业人员安全技术培训考核管理规定》，特种作业操作证每3年复审1次；离开特种作业岗位6个月以上的特种作业人员，应当重新进行实际操作考试，经确认合格后方可上岗作业。

排水作业人员培训内容：依据《特种作业人员安全技术培训大纲和考核标准（试行）》金属非金属矿山排

水作业人员安全技术培训大纲和考核标准。

国家实行特种作业操作证全国统一查询，可登录应急管理部网站（http：//www. mem. gov. cn），通过“查询服务”栏进入“特种作业操作证及安全生产知识和管理能力考核合格信息查询”系统，或登录官方微信公众号（国家安全生产考试），按要求进行身份认证后，下载打印电子证书。

3. 设备检测检验合格

《安全生产法》第三十四条规定，生产经营单位使用的涉及人身安全、危险性较大的矿山井下特种设备（水泵），必须按照国家有关规定，由专业生产单位生产，并经具有专业资质的检测、检验机构检测、检验合格，取得安全使用证或者安全标志，方可投入使用。

【说明】

主排水系统主要检验项目有：机房（温度、照明、噪声），接地电阻，排水泵启动时间、振动、排水泵噪声、排水泵转速，电动机输入电流，排水能力、吨水百米电耗，扬程，运行工况点效率，排水泵性能曲线、运行状况等。主排水系统及水泵定期检测周期为一年。

1.2.2 从业人员安全生产权利

（1）劳动保护权。《安全生产法》第四十九条规定，劳动合同应当载明有关保障从业人员劳动安全、防止职业危害的事项，以及依法为从业人员办理工伤保险的事项。

（2）知情权、建议权。《安全生产法》第五十条规定，从业人员有权了解其作业场所和工作岗位存在的危险因素、防范措施及事故应急措施，有权对本单位的安全生产工作提出建议。

（3）批评、检举、控告权和依法拒绝权。《安全生产法》第五十一条规定，从业人员有权对本单位安全生产工作中存在的问题提出批评、检举、控告；有权拒绝违章指挥和强令冒险作业。

（4）紧急避险权。《安全生产法》第五十二条规定，从业人员发现直接危及人身安全的紧急情况时，有权停止作业或者在采取可能的应急措施后撤离作业场所。

（5）工伤保险和民事索赔权。《安全生产法》第五十三条规定，因生产安全事故受到损害的从业人员，除依法享有工伤保险外，依照有关民事法律尚有获得赔偿的权利的，有权向本单位提出赔偿要求。

【说明】

认定工伤、视为工伤、不得认定为工伤或者视同工伤的情形：分别依据《工伤保险条例》第十四条至第十六条。

提出工伤认定申请的人、时间及申请地点：《工伤保险条例》第十七条规定，所在单位应当自事故伤害发生之日或者被诊断、鉴定为职业病之日起30日内，向统筹地区社会保险行政部门提出工伤认定申请。用人单位未提出工伤认定申请的，工伤职工或者其近亲属、工会组织在事故伤害发生之日或者被诊断、鉴定为职业病之日起1年内，可以直接向用人单位所在地统筹地区社会保险行政部门提出工伤认定申请。

1.2.3 从业人员安全生产义务

（1）遵章守纪，正确佩戴和使用劳动防护用品。《安全生产法》第五十四条规定，从业人员在作业过程中，应当严格遵守本单位的安全生产规章制度和操作规程，服从管理，正确佩戴和使用劳动防护用品。

（2）接受安全生产教育和培训。《安全生产法》第五十五条规定，从业人员应当接受安全生产教育和培训，掌握本职工作所需的安全生产知识，提高安全生产技能，增强事故预防和应急处理能力。

（3）报告危险。《安全生产法》第五十六条规定，从业人员发现事故隐患或者其他不安全因素，应当立即向现场安全生产管理人员或者本单位负责人报告。

1.2.4 法律责任

《安全生产法》第一百零四条规定，生产经营单位的从业人员不服从管理，违反安全生产规章制度或者操作规程的，由生产经营单位给予批评教育，依照有关规章制度给予处分；构成犯罪的，依照刑法有关规定追究刑事责任。

【说明】

构成犯罪，主要是指构成刑法规定的重大责任事故罪，即在生产作业中违反有关安全管理的规定，导致发生重大伤亡事故或者造成其他严重后果的，处三年以下有期徒刑或者拘役；情节特别恶劣的，处三年以上七年以下有期徒刑。

2 岗位主要安全风险和事故隐患

2.1 岗位主要安全风险

金属非金属矿山井下排水作业过程中，主要存在如下安全风险：透水、淹溺、触电和机械伤害等。

2.1.1 透水

透水是指矿井在建设和生产过程中，由于防治水措施不到位而导致地表水和地下水通过裂隙、断层、塌陷区等各种通道无控制地涌入矿井工作面，造成作业人员伤亡或矿井财产损失的水灾事故。

发生透水的主要原因有：矿井水文地质资料不清，积水区、采空区水量、水位不准确，采掘活动触动或者波及富含水层、含水断层、采空区、积水区；雨季期间连降大雨，地表水从地表塌陷区或者沿裂缝、没有封闭或封闭不良的钻孔溃入井下，使矿井涌水量突然增加，超过矿井排水能力造成淹井；水泵房的防水门、配水闸阀等不严密、不灵活；受水威胁严重的区域未设置防水闸门或防水门设计不合理；井口标高低于当地最高洪水位，且未采取相应的防水措施，致使洪水倒灌入井造成淹井等。

为防止透水，应对防排水设备设施进行日常安全检查及维护保养，确保水泵、水仓、排水管等安全有效；采掘作业必须执行“有疑必探，先探后掘”的原则；排水设备应按要求定期检测检验。

2.1.2 触电

受恶劣环境制约，井下排水设备在使用中启动频繁，负荷变化大、电压波动大，因过载、短路、漏电、电弧、电火花故障引起设备烧毁、人员触电。

为防止触电，非专职电气人员不得擅自摆弄、检修、操作电气设备，不得随意触碰电气设备和电缆；不得随意在电气设备中增加额外部件，若必须设置时，要符合有关规定的要求；电气设备和电缆应避免长期超负荷运行，避免绝缘老化而造成漏电，同时应设置可靠的接地和漏电保护装置。

2.1.3 淹溺

排水作业人员在水仓周边巡查时，因防护措施不当或违章作业可能坠入水中发生淹溺事故。另外，因警示标志不明确或防护措施不到位，可能使无关人员误入仓内造成淹溺事故。

2.1.4 机械伤害

排水作业人员在操作、维护、检查设备过程中，水泵联轴器等旋转部位易将手套、衣袖等转入，导致绞伤。

为防止机械伤害，水泵房排水设备应合理布置，便于操作，水泵外露旋转部件必须加装安全防护罩。

2.2 岗位常见事故隐患

2.2.1 事故隐患排查

事故隐患排查见表2－1。

表2－1 事故隐患排查

序号	事故隐患	依据	隐患分级
1	矿井（竖井、斜井、平硐等）井口的最低标高低于当地历史最高洪水位，且未修筑防洪堤和人工岛	《金属非金属矿山安全规程》（GB 16423—2006）6.6.2.3 《金属非金属矿山重大生产安全事故隐患判定标准（试行）》（安监总管一〔2017〕98号）第（八）条	重大隐患
2	地表水系穿越矿区而未采取相应防治水措施	《金属非金属矿山安全规程》（GB 16423—2006）6.6.2.1 《金属非金属矿山重大生产安全事故隐患判定标准（试行）》（安监总管一〔2017〕98号）第（六）条	重大隐患
3	水文地质类型复杂的矿山，防水门所在位置与设计不一致；防水门设防水头高度低于设计值	《金属非金属矿山安全规程》（GB 16423—2006）6.6.3.3 《金属非金属矿山重大生产安全事故隐患判定标准（试行）》（安监总管一〔2017〕98号）第（十）条	重大隐患
4	受地表水倒灌威胁的矿井在强降雨天气或其来水上游发生洪水期间，不实施停产撤人	《金属非金属矿山安全规程》（GB 16423—2006）6.6.2.5 《金属非金属矿山重大生产安全事故隐患判定标准（试行）》（安监总管一〔2017〕98号）第（十三）条	重大隐患

表2－1（续）

序号	事故隐患	依据	隐患分级
5	未按照“有疑必探，先探后掘”原则编制探水设计	《金属非金属矿山安全规程》（GB 16423—2006）6.6.3.4 《金属非金属矿山重大生产安全事故隐患判定标准（试行）》（安监总管一〔2017〕98号）第（十二）条	重大隐患
6	排水系统与设计要求不符，导致排水能力降低	《金属非金属矿山安全规程》（GB 16423—2006）6.6.4.1 《金属非金属矿山重大生产安全事故隐患判定标准（试行）》（安监总管一〔2017〕98号）第（七）条	重大隐患
7	水文地质类型为中等及复杂的矿井未设立专门防治水机构，未配备专用探放水设备	《金属非金属矿山安全规程》（GB 16423—2006）6.6.1.2 《金属非金属矿山重大生产安全事故隐患判定标准（试行）》（安监总管一〔2017〕98号）第（九）条	重大隐患
8	由地面到主排水泵房的电源电缆，未敷设两条独立线路，且未引自地面主变电所的不同母线段	《金属非金属矿山安全规程》（GB 16423—2006）6.5.1.3 《金属非金属矿山重大生产安全事故隐患判定标准（试行）》（安监总管一〔2017〕98号）第（二十三）条	重大隐患
9	未查清水害隐患，缺少探放水制度和相关作业记录	《金属非金属矿山安全规程》（GB 16423—2006）6.6.3.1	一般隐患

表2-1（续）

序号	事故隐患	依据	隐患分级
10	水泵房安全出口设置不符合以下要求：不少于2个，一个通往井底车场，其出口应装设防水门；另一个用斜巷与井筒连通，斜巷上口高出泵房地面标高7 m以上	《金属非金属矿山安全规程》（GB 16423—2006）6.6.4.2	一般隐患
11	每年雨季前，未组织一次防水检查，未编制防水计划	《金属非金属矿山安全规程》（GB 16423—2006）6.6.2.2	一般隐患
12	水仓组成无两个独立巷道系统	《金属非金属矿山安全规程》（GB 16423—2006）6.6.4.3	一般隐患
13	涌水量较大的矿井，每个水仓的容积，不能容纳2 h的井下正常涌水量；一般矿井主要水仓总容积，无法容纳6 h的正常涌水量	《金属非金属矿山安全规程》（GB 16423—2006）6.6.4.3	一般隐患
14	采用水砂充填和水力采矿的矿井，水进入水仓之前，未先经过沉淀池	《金属非金属矿山安全规程》（GB 16423—2006）6.6.4.3	一般隐患

表 2-1（续）

序号	事故隐患	依据	隐患分级
15	水沟、沉淀池和水仓中的淤泥，未定期清理	《金属非金属矿山安全规程》（GB 16423—2006）6.6.4.3	一般隐患
16	水泵联轴器无安全防护罩	《金属非金属矿山安全规程》（GB 16423—2006）4.6	一般隐患

2.2.2 事故隐患示例

（1）压力表、真空表损坏或显示不准确，如图 2-1 所示。

（2）基座松动，易产生振动，如图 2-2 所示。

图 2-1 压力表、真空表损坏或显示不准确

图 2-2 水泵基座松动

（3）无检修泵，无备用排水管路，如图 2-3 所示。

（4）无备用排水管，如图 2-4 所示。

图 2－3　无检修泵

图 2－4　无备用排水管

（5）轴承无防护罩，密封损坏，漏水导致排水能力不足，如图 2－5 所示。

（6）未安装压力表和真空表，如图 2－6 所示。

图 2－5　轴承无防护罩，密封损坏

图 2－6　未安装压力表和真空表

2.3　典型事故案例

2.3.1　山东正东矿业有限公司盘马埠铁矿“7·10”透水事故

1. 事故经过

2011 年 7 月 10 日 21 时 30 分左右，盘马埠铁矿主井西南侧的采空区顶部（露天坑底部）垮塌，大量积水和泥沙迅猛泄入井下。至 23 时起，井下 -65 m、-47 m、-30 m 3 个中段全部淹没，最高淹没水位线为 -25 m 标高，瞬间水头达 -3 m 标高处。事故发生时，井下共有作业人员 31 名，除在主井附近从事出矿、摘挂钩和发牌作业的 8 人成功升井外，其余 23 人全部遇难。

2. 事故原因

（1）采掘施工队非法违规开采露天坑下部的保安矿柱，造成保安矿柱远小于设计尺寸，导致保安矿柱冒落，露天坑内水砂泄入井下。

（2）连续降水导致露天坑水位不断上升。

（3）相邻矿山采矿作业较近，不断爆破震动。

3. 防范措施

（1）严禁开采保安矿柱。

（2）降水量较大的季节应减少采矿量。

（3）应加强相邻矿山的安全管理。

2.3.2 黑龙江翠宏山铁多金属矿“5·17”透水事故

1. 事故经过

2019 年 5 月 17 日 0 时 50 分左右，翠宏山铁多金属矿井下 +70 m 水平巷道发现约 1 m 积水，相关人员到斜坡道 +250 m 水平查看，涌水波及副井区域从 +250 m水平至井下部分区域，初步判断为探矿井区域发生了透水事故。透水事故发生在 58 号勘探线，该区域位于 2008 年形成的采空区上部，采空区上方是库尔滨河。事发时，河水在塌陷区上方形成旋涡，裹带泥沙溃入采空区，且塌陷坑致使35kV输电线路一根线杆沉入坑内。库尔滨河河水夹带大量泥沙形成泥石流，经+310 m水平勘探巷道溃入+250 m水平勘探巷道，又通过主斜坡道溃入井下基建中段+190 m、+130 m、+70 m、+10 m以及-50 m水平以下巷道，造成7人失踪。

2. 事故原因

（1）对违法违规作业形成的采空区未及时进行充填。

（2）违法违规进行工程爆破对原采空区产生震动。

（3）基建期间违法违规组织生产。

3. 防范措施

（1）在河流、湖泊等水体下采矿应对矿山进行全面调查，摸清水文地质情况，查清采空区和巷道具体位置、年代和面积等有关信息，制定科学严谨的充填方案并认真组织实施。

（2）按设计要求组织生产，严禁开采防隔水矿（岩）柱。

（3）加强地下矿山防治水培训，企业管理人员和作业人员要熟练掌握相关知识。

3 岗位安全风险控制

3.1 岗位操作流程

排水岗操作流程如图 3－1 所示。

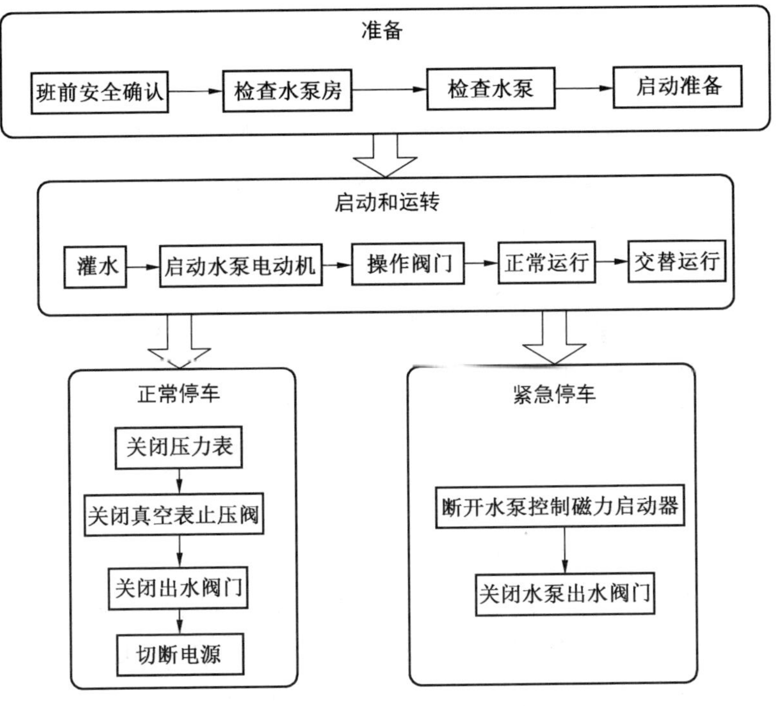

图 3－1 排水岗操作流程

3.2 岗位安全操作要点

3.2.1 作业准备

1. 班前安全确认

（1）佩戴劳动防护用品，包括工作服、安全帽、防尘口罩、矿灯、绝缘手套、防割手套等。

（2）准时参加班前会，听取带班矿长（或安全管理人员）的安全指令。

（3）当面执行交接班程序，确认交接班记录本中事项并签字。

2. 检查水泵房

（1）通过开关，检查水泵房内普通照明设施；断电，检查应急照明设施，确保安全可靠。

（2）检查应急电话畅通，传感器有效，视频监控系统正常。

（3）检查室内灭火器：压力表处于绿色区域，生产日期有效，放置整齐。

（4）检查安全环境，现场无杂物、无油垢、无积水。

3. 检查设备

（1）检查各部螺栓紧固不松动。

（2）检查联轴器间隙应符合规定，防护罩应可靠。

（3）检查轴承润滑油油质、油量符合规定，油环转动平稳、灵活，强迫润滑系统的油泵、管路完好。

（4）吸水管道应正常，吸水高度应符合规定。

（5）接地系统应符合规定。

（6）电控设备各开关应置于停车位置。

（7）电源电压损失应在额定电压的 ±5% 范围内。

4. 启动准备

（1）启动倒闸门。按照待开水泵在管道上连接的位置，选择阻力最小的水流方向，开（关）管道上分水阀门，水泵出水口阀门保持关闭不动。启动润滑油泵，对于需要强迫润滑的泵组应先启动润滑油泵，保证电动机、水泵各轴承润滑正常。

（2）盘车 2 ~3 转，泵组转动灵活无卡阻现象。

注意：可参照附录 1“岗位安全确认表”执行。

3.2.2 启动和运转

（1）灌水。采用无底阀排水泵时，应先开动真空泵，将泵体、吸水管抽真空再停真空泵。

（2）启动水泵电动机。启动高压电气设备前，必须戴好绝缘手套，穿绝缘靴。电动机直接启动时，合上电源开关，待电流达到正常时，打开水泵出水口阀门。

（3）操作阀门。水泵启动后缓缓打开出水阀门，然后打开压力表止压阀，待指针稳定后，打开真空表止压阀。

（4）排水设备投入正常运行。

（5）工作泵和备用泵应交替运行，对于不经常运行的水泵应每隔 10 天空转 2 ~3 h，以防潮湿。

3.2.3　正常停机

（1）关闭压力表和真空表止压阀，缓缓关闭水泵的出水阀门。

（2）切断电动机的电源，电动机停止运行。

3.2.4　紧急停机

（1）断开水泵控制磁力启动器，停止电动机运行。

（2）关闭水泵出水阀门。

（3）上报主管领导，并做好记录。

（4）运行中出现下列现象之一时，应紧急停机：①泵组异常振动或有故障性异响；②水泵不吸水；③泵体漏水或闸阀、法兰滋水；④启动时间过长，电流不返回；⑤电动机冒烟、冒火；⑥电源断电；⑦电流值明显超限。

3.2.5　巡回检查

（1）按规定的巡回检查频次，可参照附录2“设备操作安全检查表”对排水设备基础装置进行班中安全检查确认，并如实记录检查结果。

（2）设备操作安全检查表中的检查内容不得遗漏。

（3）检查中发现的问题，根据不同情况，采用以下处理方式：①能处理的立即处理；②不能处理的，及时停车上报，并通知维修工处理；③对不会立即产生危害的问题，进行连续跟踪观察，监视其发展情况；④所有发现的问题及处理结果，如实记录。

3.3 岗位操作风险管控

排水岗操作风险管控见表3-1。

表3-1 排水岗操作风险管控

岗位操作	安全风险	可能造成的事故类型	控制措施
准备	将易燃易爆品存放至设备操控室内	火灾、爆炸	严禁将易燃易爆品带入操控室
	井下用电管理混乱、违规用电等	触电、火灾	严禁乱拉乱接电线，严禁使用电炉、灯泡取暖，严禁在电缆上挂衣物等
	未佩戴绝缘手套检查电气设备	触电	根据所操作电压，佩戴不同电压等级的绝缘手套等安全防护装备后，方可进行电气设备检查
启动和运转	开泵操作顺序不当	机械伤害、其他伤害	开泵操作必须执行开泵的工作流程
	带负荷分合隔离开关	触电、其他伤害	严禁带负荷分合隔离开关
	盘根漏水联成线	触电、设备损坏	及时维护修理
	设备运转声音不均匀，有异响	设备损坏	及时维护修理

表3-1（续）

岗位操作	安全风险	可能造成的事故类型	控制措施
启动和运转	抽水不及时或水泵不能正常工作未及时检修	透水	及时检修故障水泵
	排水过程中进行岗位轮换作业，造成设备失控		作业中，应双人轮换作业，按规定时间轮换，一般为1小时
	未时刻观察电流表、电压表指示值是否超过规定要求	设备损坏	设备运行中，应时刻观察各项仪器的运行情况
	设备运行时用手或身体其他部位触碰通电线路	触电	严禁在设备运行中，进行各项检修、维护作业
	对运转中的设备进行注油、擦拭、检修	机械伤害	
	睡岗、脱岗造成排水设备无人监护，发生紧急情况不能及时处理	各种伤害	加强管理，双人作业，严禁脱岗、睡岗
停车	水泵空载运转或出现故障时未及时停机	透水、机械伤害	水泵空载运转或出现故障及时停机
巡回检查	巡检过程中触摸或靠近运行设备的旋转部位	机械伤害	严禁触摸运行设备的旋转部分

表3-1（续）

岗位操作	安全风险	可能造成的事故类型	控制措施
巡回检查	抽排水地点未及时设置护栏或警示标志，导致巡检人员误入水仓	淹溺	水仓入口应设置安全护栏和警示标志
	未做好安全防护，对运转中的机械进行检查、维护	机械伤害	设备停止运行后，方可开展巡回检查；检查过程中，做好安全防护

4　岗位应急管理

4.1　应急报告

4.1.1　岗位人员应急报告

1. 应急反应

迅速切断伤害源→判断事故情况→做好自身防护→脱离险境→施救自救→发出求救信号（报告）。

2. 报告流程

岗位人员应急报告流程如图4-1所示。

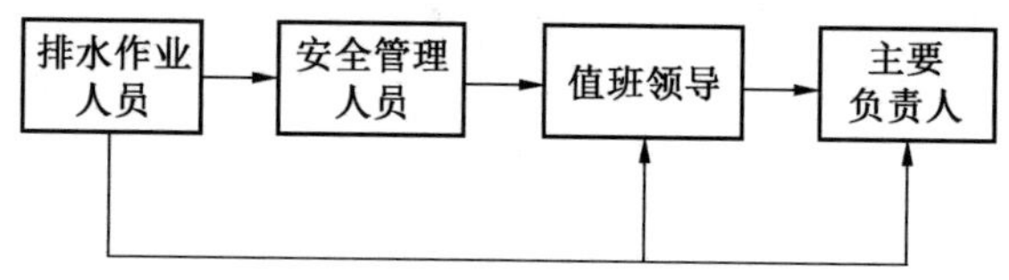

图4-1　岗位人员应急报告流程

3. 报告内容

（1）报告人姓名、部门。

（2）突发情况或事故发生的时间、地点。

（3）当前水位、开机数量、运行状况。

（4）事故简要经过、人员伤亡情况。

事故报告人向单位报告事故情况后，按指令撤离或实施现场应急处置。

4.1.2　矿山企业应急报告

（1）单位负责人接到报告后，应于1 h内向所在地县级人民政府应急管理部门报告。

（2）情况紧急时，事故现场人员可以直接向所在地县级以上人民政府应急管理部门报告。

4.2　现场应急处置

4.2.1　透水应急处置

排水作业人员如果发现水量逐渐增大时，应尽快开启备用泵，降低水仓中的水位，并关闭防水门。

采用急救电话等联络方式，与安全员、值班领导或其他人员联络，并向地面调度室报告，结合实际情况给出应急建议。根据当时的实际情况，按照规定的疏散路线进行撤离，避开压头，迅速撤回到出口的上层或地面。

4.2.2　触电应急处置

发现触电事故，应立即切断电源，当无法切断电源时应使用绝缘用具使触电者脱离电源。

4.2.3　机械伤害应急处置

发现机械伤害事故后，排水作业人员应立即停止现场活动，迅速切断机械电源。

4.2.4　火灾应急处置

水泵房内发生火灾，排水作业人员应切断一切电源，选用干粉或二氧化碳灭火器直接喷射火源处。装有自动灭火装置的水泵房，直接开启自动灭火装置施放药剂灭火。如果火势不受控制，应第一时间向地面调度室报告。

附　　录

附录 1　岗位安全确认表

作业地点：　　　当班人员（数）：　　　　班次：　　年　　月　　日

确 认 项 目	工区确认人员			改情况二次确认
	工区			
	现场作业人员	当班班长	安全巡检员	
劳动防护用品是否穿戴正确				
交接班日志填写是否符合规定				
是否持证上岗				
通信联络系统是否畅通				
视频监控系统是否有效				
水泵房第二个安全出口是否畅通				
水泵和电机地脚螺栓是否紧固				
开停传感器是否正常				
填料的密封松紧程度是否正常				
水泵窜轴量是否正常				
吸水井有无杂物				
滑动轴承油位、油质是否正常				

（续）

确 认 项 目	工区确认人员			改情况二次确认
	工区			
	现场作业人员	当班班长	安全巡检员	
压力表和真空表是否完好				
设备运转声音是否均匀，有无异响				
双回路是否可靠				
电流表指示是否正常				
轴承温度是否正常				
防护罩、防护栏等安全防护措施是否完好、可靠				
水泵房防水门能是否正常关闭				
作业环境如照明是否良好				
确认人员签字				
确认时间				

注：“√”为检查的项目（内容）处于良好安全状态，能够正常作业。

“×”为发现隐患但未进行处理，不允许开展相关作业。

“○”为发现问题需要立即整改，并已经整改。

附录2　设备操作安全检查表

序号	检 查 内 容	检查方法或工具
一	水泵	
1	运行是否平稳，有无异响	静态观测、动态听声

（续）

序号	检查内容	检查方法或工具
2	传动和转动机构是否完好，有无破损，连接是否可靠，有无防护罩	外形观测
3	基础、机座是否稳固可靠，地脚螺栓和各部件螺栓连接是否紧固、有无锈蚀	外形观测，扭力扳手
4	压力表是否完好	外形观测
5	轴承温度是否有在线监测或巡检测温	外形观测，测温枪
6	抽真空或引水装置是否完好	外形观测
二	主电机	
1	机体（外壳、吊装环、进线、风扇、风罩、接线盒）是否完好、整洁	外形观测
2	运行有无异响、有无异常振动	静态观测、动态听声
3	温度是否有在线监测或巡检测温	外形观测，测温枪
4	电机、地脚螺栓是否完好紧固,有无松动	扭力扳手
5	电机是否接地良好	外形观测
三	启动控制柜	
1	接触器灭弧罩是否完好，有无异味、有无异响	外形观测
2	指示灯、仪表是否完好	外形观测
3	控制器外壳是否接地良好	外形观测
4	电抗是否清洁，连接是否牢固	外形观测
5	有无过流和欠压保护装置	外形观测
四	管路	
1	管路有无漏水，有无锈蚀	外形观测
2	闸阀、逆止阀、底阀是否完好，有无漏水现象	外形观测

附录3　有关国家和行业标准

1.《金属非金属矿山安全规程》(GB 16423—2006)

2.《离心泵技术条件（Ⅱ类)》(GB/T 5656—2008)

3.《离心泵技术条件（Ⅲ类)》(GB/T 5657—2013)

4.《金属非金属地下矿山防治水安全技术规范》(AQ 2061—2018)

5.《金属非金属地下矿山主排水系统安全检验规范》(AQ 2029—2010)

附录4　《金属非金属矿山安全规程》节选

6.6.2.5　矿区及其附近的积水或雨水有可能侵入井下时，应根据具体情况，采取下列措施：

——容易积水的地点，应修筑泄水沟；泄水沟应避开矿层露头、裂缝和透水岩层；不能修筑沟渠时，可用泥土填平压实；范围太大无法填平时，可安装水泵排水；

——矿区受河流、洪水威胁时，应修筑防水堤坝；河流穿过矿区的，应采用留保安矿柱或充填法采矿的方法保护河床不塌陷，或将河流改道至开采影响范围以外；

——漏水的沟渠和河流，应及时防水、堵水或改道；

——排到地面的井下水及地表集中排水,应引出矿区；

——雨季应设专人检查矿区防洪情况；

——地面塌陷、裂缝区的周围，应设截水沟或挡水围堤；

——不应往塌陷区引水；

——有用的钻孔，应妥善封盖。报废的竖井、斜井、探矿井、钻孔和平硐等，应封闭，并在周围挖掘排水沟，防止地表水进入地下采区；

——影响矿区安全的落水洞、岩溶漏斗、溶洞等，均应严密封闭。

6.6.4.1　井下主要排水设备，至少应由同类型的3台泵组成。工作水泵应能在20 h内排出一昼夜的正常涌水量；除检修泵外，其他水泵应能在20 h内排出一昼夜的最大涌水量。井筒内应装设两条相同的排水管，其中一条工作，一条备用。

6.6.4.2　井底主要泵房的出口应不少于两个，其中一个通往井底车场，其出口应装设防水门；另一个用斜巷与井筒连通，斜巷上口应高出泵房地面标高7 m以上。泵房地面标高，应高出其入口处巷道底板标高0.5 m（潜没式泵房除外）。

附录5　岗位常用安全警示标志

编号	图形	名　称	设备范围和地点
1		禁带烟火	水泵房

（续）

编号	图形	名　称	设备范围和地点
2		禁止启动	水泵房
3		禁止合闸	水泵房
4		当心火灾	水泵房
5	 水	当心水灾	水泵房及水仓
6		当心触电	水泵房
7		当心机械伤人	水泵房

（续）

编号	图形	名　称	设备范围和地点
8		必须戴矿工帽	水泵房
9	持证上岗	必须持证上岗	水泵房
10		必须携带矿灯	水泵房

附录6　岗位安全知识和技能练习题

1. 与采场运搬方式密切相关的因素有(　　)。

A. 矿体倾角　　B. 采矿方法

C. 采场运搬设备　　D. 采场生产能力

2. 金属矿山开采时，下面不属于回采工作主要作业的是(　　)。

A. 落矿　　B. 矿石运搬

C. 地压管理　　D. 二次破碎

3. 关于采空区处理论述不正确的是(　　)。

A. 崩落围岩处理采空区可分为自然崩落和强制崩落两种形式

B. 充填采空区可以有效缓解或阻止围岩变形，以保持其稳定，同时为回采矿柱创造了良好的条件

C. 充填采空区与充填采矿法在充填工艺上的要求是一致的，并没有区别

D. 通常用封闭法处理采空区，上部覆岩应允许崩落，否则不能采用

4. 地下矿山开采的八大系统是指(　　)。

A. 运输、提升、人行、通风、排水、供风、供电、充填

B. 运输、提升、人行、通风、通信、供水、供电、充填

C. 运输、提升、人行、通风、供水、供风、供电、排水

D. 开拓、提升运输、通风、供电、供气、供水、排水、充填

5. 急倾斜薄矿体采用浅孔留矿法开采时，矿石借助自重由采场经放矿口直接放出，所采用的矿石运搬方式是(　　)。

A. 机械运搬　　B. 无轨设备运搬

C. 重力运搬　　D. 爆力运搬

6. 下面矿石不属于黑色金属矿石的是(　　)。

A. 铁矿石　　B. 铜矿石

C. 锰矿石　　　　　　　　D. 铬矿石

7. 根据《有色金属采矿设计规范》对三级储量保有期限的规定，地下开采矿山开拓储量要求保有期限为(　　)年。

A. 0.5～1　　　　　　　　B. 1～3

C. 3～5　　　　　　　　　D. 5～10

8. 中等稳固岩层允许暴露的面积是(　　) m^2。

A. <50　　　　　　　　　B. 50～200

C. 200～500　　　　　　　D. 500～800

9. 从业人员有权对本单位安全生产工作中存在的问题提出批评、(　　)、控告；有权拒绝违章指挥和强令冒险作业。

A. 起诉　　B. 检举　　C. 仲裁　　D. 罢工

10. 因生产安全事故受到损害的从业人员，除依法享有(　　)外，依照有关民事法律尚有获得赔偿权利的，有权向本单位提出赔偿要求。

A. 工伤社会保险　　　　　B. 医疗保险

C. 失业保险　　　　　　　D. 养老保险

11. 依据《工伤保险条例》的规定，职工发生事故伤害或者按《职业病防治法》规定被诊断、鉴定为职业病的，所在单位应当自事故伤害发生之日或者被诊断、鉴定为职业病之日起(　　)日内，向统筹地区社会保险行政部门提出工伤认定申请。

A. 10　　B. 15　　C. 30　　D. 60

12.《安全生产法》规定，生产经营单位应当在有较大危险因素的生产经营场所和有关设施、设备上，设置明显的(   )。

A. 安全使用标志　　B. 安全警示标志

C. 安全合格标志　　D. 安全检验检测标志

13. 排水作业人员必须经专门培训考试合格并取得(   )后方可上岗作业。

A. 特种作业操作证　　B. 作业资格证

C. 安全证　　D. 安全管理人员证

14.《安全生产法》规定，未按有关规定对职工进行安全教育、培训并取得特种作业人员操作资格证书上岗作业，责令限期改正，可以处(   )万元以下的罚款。

A. 5　　B. 2.5　　C. 2　　D. 1

15. 根据《劳动合同法》，下列关于解除劳动合同的说法中，正确的是(   )。

A. 用人单位未按照劳动合同约定提供劳动保护或劳动条件的，劳动者提前3日以书面形式通知用人单位，可以解除劳动合同

B. 用人单位的规章制度违反法律、法规的规定，损害劳动者权益的，劳动者在试用期内提前30日通知用人单位，可以解除劳动合同

C. 用人单位以暴力、威胁手段强迫劳动者劳动的，或者用人单位违章指挥，强令冒险作业危及劳动者人身安全的，劳动者可以立即解除劳动合同，不必事先告知用人单位

D. 劳动者非因工负伤，在规定的医疗期满后不能从事原工作，也不能从事由用人单位另行安排的工作的，用人单位提前 3 日以书面形式通知劳动者本人后，可以解除劳动合同

16. 根据《劳动合同法》，用人单位自用工之日起超过 1 个月不满 1 年未与劳动者订立书面劳动合同的，应当向劳动者每月支付（　　）。

A. 1 倍工资　　B. 2 倍工资

C. 3 倍工资　　D. 4 倍工资

17.《劳动法》规定，用人单位必须为劳动者提供符合国家规定的劳动安全卫生条件和必要的(　　)。

A. 劳动防护费用　　B. 劳动安全补贴

C. 劳动防护用品　　D. 劳动安全保障

18. 依据《特种设备安全监察条例》的规定，特种设备使用单位对在用特种设备应当至少(　　)进行一次自行检查，并做出记录。

A. 每年　　B. 每月　　C. 每周　　D. 每季

19. 依据《生产经营单位安全培训规定》规定，不属于班组级岗前安全培训内容的是(　　)。

A. 工作环境及危险因素

B. 有关事故案例

C. 岗位安全操作规程

D. 岗位之间工作衔接配合的安全与职业卫生注意事项

20. 生产经营单位选用的特种劳动防护用品必须具

备“三证”和“一标志”。“三证”和“一标志”分别是指(　　)。

A. 生产许可证、产品合格证、安全鉴定证和安全标志

B. 生产许可证、产品合格证、安全许可证和安全标志

C. 经营许可证、产品合格证、安全许可证和劳动保护标志

D. 经营许可证、质量合格证、安全鉴定证和劳动保护标志

21. 劳动防护用品使用前应首先做一次(　　)检查。

A. 质量　　B. 数量　　C. 外观　　D. 合格

22. 从业人员调整工作岗位或离岗一年以上重新上岗时，应进行相应的(　　)安全生产教育培训。

A. 专门的　B. 班组级　C. 车间级　D. 厂级

23. 三级安全教育指(　　)三级。

A. 企业法定代表人、项目负责人、班组长

B. 公司、车间、班组

C. 总包单位、分包单位、工程项目

D. 车间、班组、岗位

24. 井下一旦发生电气火灾，首先应该(　　)。

A. 切断电源灭火　　　　B. 迅速汇报

C. 迅速撤离　　　　　　D. 呼救

25. 国家对严重危及生产安全的工艺、设备实

行(　　)。

A. 淘汰制度　　B. 废除制度

C. 严惩制度　　D. 保护制度

26. 泵站的动力设备是指(　　)。

A. 变压器　B. 互感器　C. 电动机　D. 水泵

27. 当运行中的电动机转速突然下降同时迅速发热时，首先应(　　)。

A. 切断电源　　B. 检查故障

C. 汇报领导　　D. 继续使用

28. 利用工作叶轮的旋转运动来输送液体的是(　　)。

A. 容积泵　B. 叶片泵　C. 螺旋泵　D. 液压泵

29. 效率是指水泵的有效功率与(　　)之比值。

A. 轴功率　　B. 输出功率

C. 扬程　　D. 转速

30. 某水泵的扬程很高，但流量不大，此水泵属(　　)。

A. 往复泵　B. 离心泵　C. 轴流泵　D. 混流泵

31. 泵机设备正常运转率为(　　)，并一个月考核一次。

A. 80%　B. 100%　C. 75%　D. 95%

32. 泵站的进水阀门又称为(　　)。

A. 隔墙阀门　　B. 断水阀门

C. 旁通阀门　　D. 紧急阀门

33. 齿轮泵齿轮的啮合顶间隙为(　　)m（m 为模

数)。

A. 0.1~0.2　　B. 0.2~0.3

C. 0.3~0.4　　D. 0.4~0.5

34. 低压泵的扬程应低于(　　) m。

A. 20　　B. 30　　C. 40　　D. 25

35. 螺杆泵的缸套内壁与螺杆的径向间隙为(　　)mm。

A. 0.05~0.10　　B. 0.10~0.14

C. 0.14~0.33　　D. 0.33~0.40

36. 齿轮泵齿顶与壳体的径向间隙为(　　)mm。

A. 0.05~0.10　　B. 0.10~0.15

C. 0.15~0.20　　D. 0.20~0.25

37. 齿轮泵启动前必须(　　)出口阀。

A. 打开　　B. 关闭　　C. 调整　　D. 半开半闭

38. 水泵的流量是(　　)。

A. 单位时间内通过水泵的液体体积

B. 指流过管道某一截面水的体积

C. 指泵口排出液体的体积

D. 单位时间内通过水泵的液体质量

39. 离心泵的流量和叶轮的(　　)成正比。

A. 光洁度　　B. 宽度　　C. 直径　　D. 叶片数

40. 水泵的轴功率是(　　)。

A. 指的就是水泵有效功率

B. 指电机传给水泵轴上的功率

C. 指水泵的输出功率

D. 指水泵的额定功率

41. 水泵汽蚀余量指泵进口处，单位重量液体所具有超过饱和蒸汽压力的富余能量。一般用它来反映（　　）的性能。

A. 离心泵、锅炉给水泵　B. 轴流泵、锅炉给水泵

C. 混流泵、污水泵　D. 轴流泵、污水泵

42. 叶轮与泵壳间的减漏环（口环）的作用是（　　）。

A. 为减少泵内高压区水向低压区的流量

B. 承受叶轮旋转与泵壳的摩擦，是易损件

C. 减少水泵内高压区的水向低压区的回流量，同时承磨，又称承磨环，是易损件

D. 为增加泵内高压区水向低压区的流量

43. 水泵的主要运行参数是（　　）。

A. 转速、压力、轴功率、比转数、扬程、允许吸上真空高度

B. 流量、效率、功率、转速、比转数、汽蚀余量

C. 流量、扬程、转速、轴功率、效率、允许吸上真空高度

D. 流量、压力、效率、功率、转速、汽蚀余量

44. 离心泵的主要零件（构造）是（　　）。

A. 叶轮、泵轴、轴承、水封管、填料函、泵壳、联轴器

B. 泵轴、叶轮、泵壳、油面计、填料函、减漏环

C. 叶轮、泵轴、轴承、泵壳、泵座、填料函、密

封环

D. 叶轮、泵轴、轴承、水封管、减漏环、联轴器

45. 水泵的转速是(　　)。

A. 指叶轮每分钟的转数

B. 指电动机每秒钟的转数

C. 指水泵转的快慢

D. 电动机每分钟的转数

46. 水泵串联运行的目的是为了增加水泵的(　　)。

A. 能量　　B. 扬程

C. 流量　　D. 允许吸上真空度

47. 主泵房排水设备，任一台水泵的排水能力，应能在 20 h 内排出(　　)h 的正常涌水量。

A. 8　　B. 20　　C. 24　　D. 48

48. 主泵房排水设备，检修水泵的能力应不小于工作水泵能力的(　　)。

A. 75%　　B. 50%　　C. 30%　　D. 25%

【参考答案】

1 ~ 5	ADCDC	6 ~ 10	BCBBA
11 ~ 15	CBAAC	16 ~ 20	BCBAA
21 ~ 25	CCBAA	26 ~ 30	CABAB
31 ~ 35	DBBDC	36 ~ 40	BAACB
41 ~ 45	ACCCA	46 ~ 48	BCD